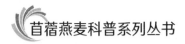

苜蓿燕麦科普系列丛书

苜蓿植保篇

MUXU YANMAI KEPU XILIE CONGSHU
MUXU ZHIBAO PIAN

全国畜牧总站　编

中国农业出版社
北　京

MUXU YANMAI KEPU XILIE CONGSHU

苜蓿燕麦科普系列丛书

总 主 编：负旭江
副总主编：李新一　陈志宏　孙洪仁　王加亭

MUXU ZHIBAO PIAN
苜蓿植保篇

主　　编　涂雄兵　赵　莉　孙　娟　俞斌华
副 主 编　杜桂林　李彦忠　朱蒙猛　苗福泓
编写人员（按姓名笔画排序）
　　　　　王建丽　牙森·沙力　方香玲　尹晓飞
　　　　　田　沛　朱蒙猛　任金龙　刘洪庆　孙　娟
　　　　　严　林　杜桂林　杨国锋　杨　超　李彦忠
　　　　　李　霜　张兴旭　苗福泓　罗　峻　赵怡然
　　　　　赵　莉　段廷玉　俞斌华　栗振义　唐　伟
　　　　　涂雄兵　程　晨　潘　凡
美　　编　申忠宝　王建丽　梅　雨

前　言

　　20 世纪 80 年代初，我国就提出"立草为业"和"发展草业"，但受"以粮为纲"思想影响和资源技术等方面的制约，饲草产业长期处于缓慢发展阶段。21 世纪初，我国实施西部大开发战略，推动了饲草产业发展。特别是 2008 年"三鹿奶粉"事件后，人们对饲草产业在奶业发展中的重要性有了更加深刻的认识。2015 年中央 1 号文件明确要求大力发展草牧业，农业部出台了《全国种植业结构调整规划（2016—2020 年)》《关于促进草牧业发展的指导意见》《关于北方农牧交错带农业结构调整的指导意见》等文件，实施了粮改饲试点、振兴奶业苜蓿发展行动、南方现代草地畜牧业推进行动等项目，饲草产业和草牧融合加快发展，集约化和规模化水平显著提高，产业链条逐步延伸完善，科技支撑能力持续增强，草食畜产品供给能力不断提升，各类生产经营主体不断涌现，既有从事较大规模饲草生产加工的企业和合作社，也有饲草种植大户和一家一户种养结合的生产者，饲草产业迎来了重要的发展机遇期。

　　苜蓿作为"牧草之王"，既是全球发展饲草产业的重要豆科牧草，也是我国进口量最大的饲草产品；燕麦适应性强、适口性好，已成为我国北方和西部地区草食家畜饲喂的主要禾本科饲草。随着人们对饲草产业重要性认识的不断加深和牛羊等草食畜禽生产的加快发展，我国对饲草的需求量持续增长，草产品的进口量也逐年增加，苜蓿和燕麦在饲草产业中的地位日

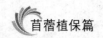

益凸显。

　　发展苜蓿和燕麦产业是一个系统工程，既包括苜蓿和燕麦种质资源保护利用、新品种培育、种植管理、收获加工、科学饲喂等环节；也包括企业、合作社、种植大户、家庭农牧场等新型生产经营主体的培育壮大。根据不同生产经营主体的需求，开展先进适用科学技术的创新集成和普及应用，对于促进苜蓿和燕麦产业持续较快健康发展具有重要作用。

　　全国畜牧总站组织有关专家学者和生产一线人员编写了《苜蓿燕麦科普系列丛书》，分别包括种质篇、育种篇、种植篇、植保篇、加工篇、利用篇等，全部采用宣传画辅助文字说明的方式，面向科技推广工作者和产业生产经营者，用系统、生动、形象的方式推广普及苜蓿和燕麦的科学知识及实用技术。

　　本系列丛书的撰写工作得到了中国农业大学、甘肃农业大学、中国农业科学院草原研究所、北京畜牧兽医研究所、植物保护研究所、黑龙江省农业科学院草业研究所等单位的大力支持。参加编写的同志克服了工作繁忙、经验不足等困难，加班加点查阅和研究文献资料，多次修改完善文稿，付出了大量心血和汗水。在成书之际，谨对各位专家学者、编写人员的辛勤付出及相关单位的大力支持表示诚挚的谢意！

　　书中疏漏之处，敬请读者批评指正。

目　录

一、苜蓿病害诊断与防治

（一）苜蓿病害诊断

1. 如何通过"望形"观察病害特征?

苜蓿的叶片、茎秆、根部和株型，以及全田状况等各个部位均会患病。苜蓿得病会出现各种症状，有的症状明显，如叶片出现斑点，植株萎蔫、死亡等，有的症状不明显，如叶片出现稀疏的白色粉末，像落了灰尘一般。

首先望叶片。因为苜蓿的病害常发生于叶片（包括叶柄）上，占苜蓿病害总数的七成以上。关注的叶片包括叶片上部、下部及叶片正面和背面。

其次要望茎秆。苜蓿茎上发生病害较少，应关注茎秆从地面到顶端的所有部位。

再而要望株形。一些病害发生时株形发生改变，如枝条异常多，枝条矮化、不自然舒展，多见于丛枝病。而黄萎病、根腐病及干旱缺水的环境条件造成枝条顶端萎蔫下垂，或叶片干枯，部分枝条干枯。

接着望根部（主要观察根茎和主根）。对于苜蓿出现播种后不出苗，越冬后不返青，枝条细弱，叶色泛黄，分枝偏少，根茎的某些方位上无枝条长出，枝条萎蔫甚至干枯，植株死亡等情况时，应考虑检查根部是否出现了问题。根腐病、根结线

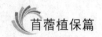
虫病、黄萎病以及冻害都会出现这种情况。

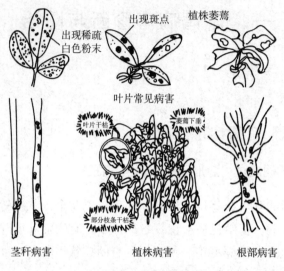

图 1-1　望株形

最后望全田。不同病害的植株在田间分布可能均匀也可能
不均匀，其中不均匀的分布有条带状分布和聚集性分布（一撮
一撮的）。气流传播的病害分布较为均匀；种子传播的病害则
出现明显的发病中心，然后逐渐向四周扩散。由昆虫传播的病

图 1-2　望全田

毒病则部分存在条带状分布，尤其是农业机械经常路过的区域和田地进出口位置。一些由不利的环境因素如水淹、干旱、寒冷或者土壤缺肥导致的病害则与地势有关，或存在明显的边界效应，如药害。

2. 如何"辨"叶片、茎秆、根部的症状？

首先辨认叶片自身颜色的变化。健康苜蓿植株的叶片为嫩绿色，病变后最常见为局部或全叶逐渐褪绿，变为黄色、紫色或草枯色；或叶片一直泛黄，有的叶片上出现黄色的条带，与原有的绿色相间出现，成为花叶，有的叶片的叶脉变黄了，而叶肉部分仍保持绿色。花叶和叶脉变黄为病毒病；叶片局部变黄则可能为真菌或假菌侵染所致；全部叶片变黄则可能为根腐病、黄萎病、线虫病，或环境条件不利所致病害。但是注意，叶片自然衰老时也会变黄，最后脱落。茎秆上颜色的变化主要是褪绿、变黑。

健康幼龄植株的根部皮层是白色的，发病时则会变黑、变褐、变黄。当植株的根部发病时，切开可见黄色、棕色、褐色等变色。

其次要学会辨别苜蓿自身外形的变化。很多病在导致颜色变化的同时也会使组织器官的形状发生变化，如叶片明显小于健康植株的叶片，有时叶片卷曲。枝条发病后有时出现凹陷，根部发病多出现腐烂。

然后要辨别出现的斑斑点点。病原生物进入苜蓿的叶片、茎秆、根部就会出现斑点。斑点有大有小，形状有圆有扁，有的边缘明显，有的边缘不清。植株病变处颜色褪绿，变黄至泛白、变黑。

接着要辨别斑点上是否出现异物。健康苜蓿的叶片是绿色的，茎秆是浅绿色的，根部是白色或黄褐色的，但被病原菌感染引致的斑斑点点上会出现一些异物，主要有如下几种：

有的斑点部位感染会出现絮状霉层，霉层的颜色有黑色、白色、灰色、青色等。

有的斑点部位感染后出现小颗粒，有黄色、褐色、黑色等，有的埋在叶片里面，有的部分露出或完全散落在叶片表面。白色絮状霉层中散落着黑褐色圆球形颗粒的为苜蓿白粉病的一种；颗粒大、不规则、坚硬如鸟粪者为苜蓿菌核病，仅出现在茎秆和根茎部。

有的斑点部位感染细菌，会出现黏稠液体，特别是在空气潮湿时表现明显，有时候还有臭味。

紧接着辨别是否出现隆起的疱。苜蓿的叶片和叶柄上有时出现隆起的疱，疱后期破裂后散出红褐色的粉末，用手指轻轻擦叶片，会看到手指也粘上这种粉末，这是苜蓿锈病。而在根部出现疱或颗粒，多为根结线虫病。

最后辨别叶片和茎秆上出现的白色粉末。在苜蓿植株的大部分叶片和茎秆上出现白色粉末，尤以老叶上最多，或淡或

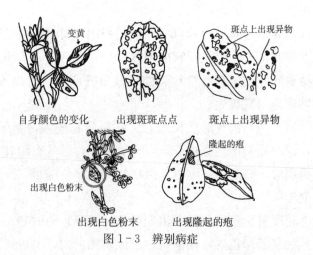

图1-3　辨别病症

浓，淡时如灰尘，浓时色如霜，质地如毛毡，后期出现黄色、褐色至黑色的颗粒物，这类病害为苜蓿白粉病。

3. 如何调查病症原因？

确定苜蓿病害过程中，有时需要询问草地的所有者和管理者。在遇到苜蓿出现植株死亡、枯萎、返青困难等生长不良现象，但无法确定是病原生物所致还是由环境因素不利所致的情况时，可通过询问了解各类信息来了解病害发生情况。此类信息包括：播种的品种、种子来源、播种时间、播种后管理措施（如施用农药和化肥的种类、剂量和施肥时间，最后一次刈割的时间和留茬高度，人工浇灌情况等），生长季节降雨和冬季降雪状况，大雨后排水状况，土壤类型、酸碱度、盐碱度和土壤其他理化特性等。这些信息有助于甄别造成植株不正常的大致原因，但准确的判断还离不开对植株进行仔细检查和室内进一步研究。

图1-4　调查病症原因

为更准确地确定病害和病原物，制作苜蓿的病变组织器官切片，采用体视显微镜和普通光学显微镜观察发病部位上的"异物"。

（二）苜蓿主要病害

4. 苜蓿主要病害有哪些？

作为重要的人工栽培饲草，苜蓿在我国种植面积非常广

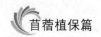

大。由于长时间、大面积、高密度种植，苜蓿田病害种类多、发生重的情况普遍存在。比如苜蓿褐斑病、锈病、白粉病、春季黑茎病、夏季黑茎病、尾孢叶斑病、炭疽病等茎叶类病害、镰孢萎蔫根腐病、丝核菌根腐病、异茎点霉根腐病等，均广泛存在于各苜蓿生产区。

5. 苜蓿褐斑病有什么特征?

主要有 4 个识别特征，即病斑较小且在叶片上分布均匀、病斑不相连、后期病斑开裂、有白色蜡层。

褐斑病是苜蓿最常见的、破坏性最大的叶部病害之一，常导致家畜采食后流产、不育、繁殖力下降等。由于褐斑病病原菌对地理、气候等生态条件广泛适应，该病害在苜蓿田广泛流行。条件适宜时叶片发病率高达 72%，可使枝条下部叶片全部脱落，发生严重时种子减产达 50%，干草减产 40%~60%，粗蛋白含量下降 16%，消化率下降 14%，同时也使苜蓿香豆素等类黄酮物质含量急剧增加。

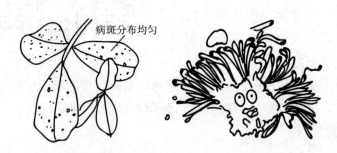

图 1-5　苜蓿褐斑病和病原物

6. 苜蓿锈病有什么特征?

该病的识别特征为：叶片背面和正面均有凸起的疱，破裂后产生红褐色的粉末，用手指轻轻触摸，有略微凸起感，手指也会粘上红褐色粉末。

苜蓿锈病是世界上各苜蓿种植区普遍发生的病害。苜蓿发生锈病后，光合作用下降，呼吸强度上升，使水分蒸腾强度显著上升。干热时容易萎蔫，叶片皱缩，提前干枯脱落。病害严重时干草减产 60%，种子减产 50%，瘪籽率高达 50%～70%。病株可溶性糖类含量下降，总氮量减少 30%。感染锈病的苜蓿植株含有毒素，影响适口性，易使家畜中毒。

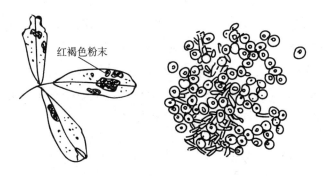

红褐色粉末

图 1-6　苜蓿锈病和病原物

7. 苜蓿白粉病有什么特征?

该病的识别特征为：叶片上有白色絮状物和白色粉末状物质，后期粉末状物中散生黄色、褐色或黑色的小颗粒。

白粉病是由内丝白粉菌等真菌引起的，是最常见的苜蓿病害之一，在较干旱并且温暖的地区发生尤为严重，对苜蓿生产尤其是种子生产带来严重威胁，可使种子产量降低 40%～50%。感病后的苜蓿与健康植株相比，消化率下降 14%，粗蛋白含量减少 16%，产草量降低 30%～40%。感病后的饲草品质低劣，适口性差，家畜采食后，能引起不同程度

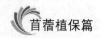

的中毒。

白色粉状物

图 1-7　苜蓿白粉病和病原物

8. 苜蓿镰刀菌根腐病有什么特征?

该病害广泛发生于世界各地。在美国南部和西部，由苜蓿镰刀菌引起的萎蔫病是一种最严重的病害，也是苜蓿草提早衰败的原因之一。我国新疆、甘肃有发生报道，其中武威、榆中等地区发生较重。识别要点在于根部表面及横切面、纵切面，都能够发现不同程度的变色和腐烂。

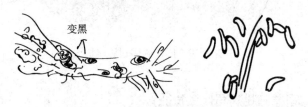

变黑

图 1-8　苜蓿镰刀菌根腐病和病原物

（三）苜蓿生物病害与非生物病害的区别

9. 什么是营养失调?

非生物类病害通常由饲草种植环境引起，发病症状通常大面积、集中、同期产生，即"群死群伤"，不会像生物因素引起的病害，有发病中心或者呈现出蔓延趋势，也就是所说的

"传染"现象。

营养失调是指饲草生长所需的化学元素过多或过少造成的损害，缺少则称为缺素症，过多则为中毒症。饲草所需化学元素包括大量元素（氮、磷、钾）和微量元素（铁、锰、硼、锌）。营养物质主要来自土壤，豆科植物可在根际固定来自空气中的氮素，碳素主要来自空气中的二氧化碳经光合作用被植物利用。所以营养物质失调的主要原因是土壤问题，如土壤中缺少某些营养物质、有害物质含量过

图 1-9　营养失调

高等。也可以说，营养物质失调是栽培管理措施不到位，没有及时补充饲草生长所需元素所致。

10. 苜蓿缺素有什么特征?

苜蓿植株缺素常表现在叶片上，因为叶片是较敏感的器官，也是光合作用等生理活动最活跃的器官。最显而易见的是叶片颜色的变化。叶片颜色变淡（缺氮）、叶片失绿至黄化或变为彩色（缺铁、缺锰、缺铜、缺锌、缺硼、缺硫等大多数缺素症）、叶片青铜色（缺氯）、紫红色（缺磷）均为苜蓿缺素症的表现。

其次，缺素症会使苜蓿叶片出现斑点。苜蓿缺少一些元素时，叶片不是均匀变色，而是出现各种颜色的斑点，如缺锰时斑点的颜色为黄褐色或赤褐色，缺钼时为黄色或橙色，缺铁时为黄色，缺钾时叶片会出现不规则的白色斑点，叶缘呈焦枯状（即大面积坏死）。

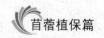

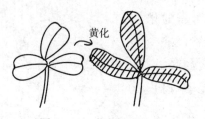

图 1-10　苜蓿缺硫症状

图 1-11　苜蓿缺磷症状

叶斑常出现在幼嫩的上部叶片，出现的快慢取决于所缺元素的运动速度。通常易于运动的元素缺乏时，缺素症最先表现于植株下部的老叶（老叶内的该元素移动到幼嫩叶片中）。当缺乏不易运动的元素时，缺素症状则出现在植株上部的幼嫩叶片上，如缺氮症状先出现

图 1-12　苜蓿缺钾症状

在于老叶，缺铁、缺钙症状先出现在新叶，缺铁症状或自上而下出现，缺磷和缺氮症状自下而上出现。

植株的变化：枝条节间缩短，植株呈矮缩状（缺硼、缺氯、缺钙），或无（大多数缺素症）。

11. 苜蓿为什么会出现缺素症？

苜蓿会出现缺素症的原因不外乎土壤本身缺乏一些元素和人为造成土壤营养元素失衡两种情况。

第一，由于一些土壤本身贫瘠，肥力差，缺少一些苜蓿生长的营养元素。如低洼地长期沉积盐碱或土壤本身并非盐碱化，但长期浇灌盐碱度较高的水或施用化肥而造成盐碱化，主要成分有氯化钠、硫酸钠、碳酸钠等。土壤酸碱度过高，植株

表现为褪绿、矮化、叶片焦枯、萎蔫，其受害的根部症状与由生物引致的根腐病相似；盐分过高则导致缺钙。

第二，不合理施肥导致苣蓿营养不均衡。施肥过多会造成植株伤害，如过多施用氮肥造成烧苗，叶片呈焦枯状甚至植株死亡。氮磷钾过量导致元素缺乏，如过量施用钾肥则导致钙、镁、硼、钼缺乏。此外，微量元素过多常因土壤被废水和废渣等污染造成，某一种重金属含量过高可导致营养元素失衡，影响其他元素的吸收。

为了消灭害虫而过量使用杀虫剂，会造成药害，表现为叶片表面出现大小不同的褪色斑点。

图 1-13　营养均衡全面才能长得好

12. 苣蓿水分失调有什么特征?

水是所有生物体的重要组成部分，也是生物生长的必需物质。水分过多和过少均可导致下部叶片变黄、落花、落果。水分过多造成涝害，影响根部呼吸，造成叶缘焦枯、烂根、死亡。这些症状与其他病害的烂根、叶缘焦枯的症状极难区分；水分过少，则植株萎蔫甚至死亡，称为生理性萎蔫，症状与由生物造成的具有萎蔫病害的症状相同。

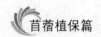

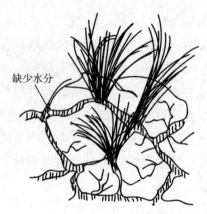

缺少水分

图 1-14　苜蓿水分失调

　　如果一块草地上只有个别植株整株或部分枝条发生萎蔫，一般来说不是由于缺少水分，可能是害虫所致，也有可能是侵染性病害中的根腐病造成的。只有大面积苜蓿植株同时出现相同症状，才可能是生理性病害。

13. 环境因素对苜蓿生长有什么影响？

　　首先是光照。植物光照过强和不足均发生在保护地栽培的温室、接种室中，通常不会在田间出现。光照过强造成灼伤，常发生在叶片边缘处，光照过弱则徒长、黄化。

　　其次是温度。所有生物均生长在一定温度范围内。最低温、最高温和最适温，称为生物的三基点温度。不同气候带下的不同生物，其最适温度范围不同。在温带地区，多数饲草植物的适宜生长温度为 $25\sim30℃$，最适温度为 $18\sim25℃$。高温常与水分一起造成干旱或干热风。温度过低则造成冻害，叶片呈水渍状，就像在沸水中浸泡过一般。冬季持续低温，造成牧草幼苗或成株难以越冬，春季不再返青，宣告死亡。低温常与土壤缺水综合起作用。

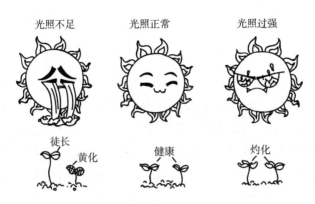

图 1-15　苜蓿光照不合适出现的特征

温度过低易使苜蓿遭受冻害，如次年返青期成片不返青，或只有零星返青，茎基部、根茎部和主根上段变黑腐烂，而主根下段鲜嫩，被冻死部位和未冻死部位的界限明显，大部分苜蓿品种较难再生出新芽，一些再生能力强的品种，从主根下段可发出新芽，但生长至地面时枝条纤细，露出地面后植株生长衰弱。

图 1-16　苜蓿生长温度不合适出现的特征

（四）苜蓿得病后的变化

14. 苜蓿得病后有什么影响？

苜蓿得病后，多数可以通过叶片、茎秆和根部的症状进行

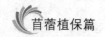

分析和判断。在一年的生长季中,不同地区苜蓿返青时间有一定差别。我国大部分地区从 5 月中旬开始,随着气温升高、湿度增大、植物生长,苜蓿病害症状会有不同程度变化。比如叶片上出现棕黄色斑点,随着时间推移而越来越大;茎秆上出现一段一段的变黑症状,会逐渐扩展甚至最后连成一片。而苜蓿根部病害只要发生,就会一直发展下去,更有甚者会导致根部中央腐烂变空。得了根腐病的苜蓿植株,通常在 6 月初就会在地上部分观察到叶片变黄、萎蔫,枝干顶部弯曲下垂,甚至有的茎秆也一起变黄。每年 7 月到 9 月初,由于气温高、湿度大,病原物非常活跃,生长迅速,侵染能力强,是病害发生最严重、最普遍的时期,这段时间往往也是造成损失最大的时期。

图 1-17 苜蓿病害症状时程变化

(五) 苜蓿病害的传播

15. 苜蓿病害会传播吗?

引起苜蓿病害的病原物,大多数是真菌,少数为细菌、线虫、寄生性种子植物(比如菟丝子)和病毒。有些病害在苜蓿上发生后,随着种子的成熟能够潜伏在种子里。如果这样的种子种在土里，就会产生最初的病害中心，比如检疫性病害苜蓿黄萎病。很多茎秆、叶片上的病害，则是由于前一年发生过这样的病害，病原物藏在枯枝落叶、土壤缝隙里过了冬，第二年遇到合适的天气条件就卷土重来，再一次在苜蓿上发生病害，比如白粉病、褐斑病等。有些病害是土壤里面的病原物，侵染了植物根部。只要土壤里的病原不处理掉，病害就不会停止发生。并且根部病害一旦发生，会伴随苜蓿一生，病情越来越重，直到个体死亡，也叫苜蓿的"癌症"。

细菌　　　　　　真菌　　　　　线虫

图 1-18　苜蓿病害的传播

（六）苜蓿病害综合防治

16. 我国植物保护方针是什么？

我国的植物保护方针为：预防为主，综合防治。

这个方针不仅适合于对人体的保健，亦适合于植物保护。推而广之，防患于未然是人类对待所有有害事物的理性态度。

植物病虫害的综合防治包括合理利用农业手段和技术，使用农药等化学试剂，结合有益生物等对病虫害进行清查和有目标的灭除。苜蓿病害的治理重在预防，通过预防减少苜蓿病害的发生，减轻苜蓿的受害程度。除了试验田和种子田之外，牧草生产田较少采用杀菌剂等化学防治方法。由于苜蓿生长季节

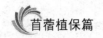

每隔1～2个月左右刈割一次，通过刈割即可终止部分病害的继续危害。

17. 病害农业防治措施有哪些?

田间因发病干枯的枝叶和死亡的植株均应清除出草地。如果把病残体留在田里则可造成病原物的积累与二次传播，造成更大危害。研究发现，在堆积过刈割草的草地上发生的病害种类多、危害重，所以应把刈割后脱落的叶片和枝条清理或填埋。

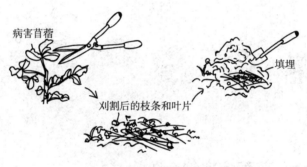

病害苜蓿

填埋

刈割后的枝条和叶片

图 1-19 清除病残体

对于苜蓿茎叶类病害，如苜蓿褐斑病、苜蓿锈病、苜蓿白粉病、尾孢叶斑病、匍柄霉叶斑病、春季黑茎病等，可以通过经常观察病害的发生发展状况，采取提前刈割的措施进行防治。此类病害短期内不会对植株生存及草地利用年限产生较大影响，但是会明显影响苜蓿产量和品质。对于饲草而言，应尽量减少化学药剂的使用。因此对于茎叶类病害，在发病较轻，或在适宜病害发生流行的天气到来之前，提前刈割，能有效防止此类病害发生，也能减少病害防治成本投入，减轻化学药剂使用，并且较为安全环保。

一些病害来自苜蓿生长周围的杂草，如苜蓿锈病来自乳浆大戟，所以除草有利于减少病害的发生与危害。此外，除草也有利于减少苜蓿草地中害虫的发生。

18. 苜蓿与其他饲草混播有什么优点?

不同饲草混播，可以有效降低病害传播速度、减少侵染机会、降低病害发生水平，如苜蓿和禾本科燕麦混播。多数侵染苜蓿的病原物并不能侵染燕麦，因此燕麦即可作为病害传播的天然屏障，减少病原物在邻近苜蓿植株间的传播，有效降低病害严重度，并能减少通过凋落物越冬的病原物数量。这种方法的优点在于，不需要投入额外人力物力，减少了化学药剂的使用。

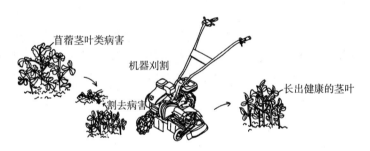

苜蓿茎叶类病害　机器刈割　长出健康的茎叶
割去病害

图 1 - 20　刈割防害治害

19. 化学防治措施有哪些?

当田间发生叶部病害有可能在下次刈割前导致严重危害时，可喷洒杀菌剂，仅在具备喷灌条件的草地使用。苜蓿褐斑病可采用 75% 百菌清可湿性粉剂、50% 多菌灵可湿性粉剂、70% 代森锰锌可湿性粉剂、70% 甲基硫菌灵可湿性粉剂、50% 异菌脲可湿性粉剂、20% 三唑酮可湿性粉剂等防治，平均防治

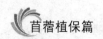

效果达 87.5％，病害损失率减少 25％。其中 75％百菌清可湿性粉剂（每 667m² 用量 110g）的防治效果最好，其次是 20％三唑酮可湿性粉剂（每 667m² 用量 40g）和 50％多菌灵（每 667m² 用量 100g）。3 种药剂的防治效果分别为 95％、90％和 89％。

苜蓿锈病可用代森锰锌、萎锈灵、氧化萎锈灵、三唑酮、福美双、戊唑醇、氟硅唑、代森锌、百菌清、甲基硫菌灵、烯唑醇等可湿性粉剂喷雾。中国农业科学院畜牧兽医研究所张丽等人的田间试验结果显示，丙环唑对苜蓿叶斑病的防效最好，有效剂量为 250g/hm² 时防效为 78％；复配剂以丙环唑与代森锰锌有效剂量 1∶1 时的防效最明显。防治苜蓿立枯病可采用丙环唑 25％乳油、甲基立枯磷（Tolclofos methyl）20％乳油、多·福（多菌灵＋福美双）60％可湿性粉剂、戊唑双（戊唑醇＋福美双）40％可湿性粉剂进行防治。山东农业大学王开运等人的田间试验表明，40％戊唑双 WP 稀释 500 倍的处理，处理后 7～28d，防效一直保持在 50％以上；60％多福 WP 稀释 1 000 倍、20％甲基立枯磷 EC 稀释 1 000 倍和 60％多菌灵 WP 稀释 1 000 倍，施药后第 14d 的防治效果在 60％以上。

根茎与根部病害和茎基部病害可用杀菌剂灌根。如蝼蛄、蛴螬、金针虫等地下害虫发生数量大时可在药剂中加入杀虫剂。

20. 其他防病措施有什么？

害虫发生时苜蓿的抗病性降低，病害多发、重发。此外，一些害虫携带并传播苜蓿的某些病害，如苜蓿病毒病多由蚜虫、飞虱、叶蝉等刺吸式口器的害虫传播，苜蓿黄萎病也可经由蚜虫、切叶蜂等昆虫传播。因此降低苜蓿草地中的害虫可直接或间接减少病害发生。可将杀虫剂加到喷灌系统中施用。

21. 特殊病害的防治措施有哪些?

对于检疫性病害,应上报到当地草业或农业主管部门,由政府相关部门采取如下措施进行封杀。调查检疫性病害的发生范围,划定疫区;彻底铲除发病草田,销毁全部茎叶;用灭生性农药喷洒草地,深翻草地,挖出根部并销毁;召回在此疫区生产的全部草产品及种子,集中销毁。

我国苜蓿的检疫性病害有苜蓿黄萎病、苜蓿细菌性萎蔫病菌。此外有菟丝子、列当等寄生性种子植物(或杂草)的情况也应当重视。

如果试验田发生病害,则会影响研究结果,故对病害发生的容忍程度很低。而种子田则可容忍病害的少量发生。试验田苜蓿可在植株返青后每隔1~2周喷洒一次杀菌剂。发生地下害虫和叶部害虫时也应定期喷洒农药,严格控制病虫害。

种子田与生产田的不同之处在于,种子田自返青至收种期间不刈割,因而病虫害持续发生。由于苜蓿上病虫害种类多,如果不进行早期防治,则在开花前后大量叶片会脱落,将对种子产量和种子品质产生较大影响。因此,对种子田也应不定期防治病虫害,防治措施同试验田。

遇到情况不明成灾性病害等情况,应及时上报当地草原站、植保站或专业人员,并采集病害植株,记录发生环境条件、发生面积等数据。

二、苜蓿虫害诊断与防治

（一）苜蓿虫害发生的判断

22. 苜蓿田主要虫害有哪些?

在一块苜蓿田中，经常能看到很多密集在苜蓿嫩梢、叶片、枝条、花蕾上的害虫，在那里悠闲自在吸食植物的汁液，使有的叶片出现了褐色斑点、皱缩，花蕾干枯等症状。在全国

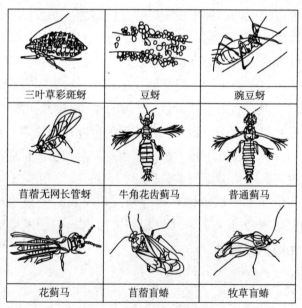

三叶草彩斑蚜	豆蚜	豌豆蚜
苜蓿无网长管蚜	牛角花齿蓟马	普通蓟马
花蓟马	苜蓿盲蝽	牧草盲蝽

图 2-1　苜蓿田主要害虫

苜蓿主产区普遍发生害虫的有蚜虫类：三叶草彩斑蚜、豆蚜（苜蓿蚜）、豌豆蚜、苜蓿无网长管蚜；蓟马类：牛角花齿蓟马、普通蓟马和花蓟马；盲蝽类：苜蓿盲蝽、牧草盲蝽。

23. 苜蓿害虫的识别方法有哪些?

害虫的识别需要非常专业的基础知识，在实际生产过程中，可以参考专业图书如《苜蓿病虫害识别与防治》等，根据田间苜蓿植株的完好性进行观察判断，然后拍照，或采集害虫（放于75％酒精或三角袋保存，做好标记），以及被为害的苜蓿枝条，送给专业技术人员鉴定。

拍照　　　　　　　　采集虫害标本

图2-2　苜蓿田主要害虫的识别方法

24. 苜蓿虫害的主要症状有什么?

蚜虫、蓟马、盲蝽均属于刺吸类害虫。它们都有一个口器，就像一个空心的注射针头，取食时把针状的口器插到植物的组织内吸食其中的汁液。

蚜虫是群集在苜蓿嫩梢、嫩茎及叶反面为害。它们吸食苜蓿汁液，导致茎、叶出现斑点、缩叶、卷叶、虫瘿等多种畸形被害状。同时蚜虫边刺吸边排泄的蜜露像油一样覆盖在苜蓿的茎、叶表面，引起煤污病。更为严重的是蚜虫能传播多种苜蓿

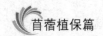

病毒病，如苜蓿花叶病毒病等。

苜蓿蓟马造成大量"火烧苗"症状。从叶心处开始为害，逐渐向四周枝条延伸为害，造成叶片卷曲。在田间肉眼很难识别，拍打枝条时发现黑色或黄色的细长型个体多为蓟马。

盲蝽爬在嫩茎叶、花蕾、子房处吸食汁液，受害部位逐渐凋萎、变黄、枯干而脱落。

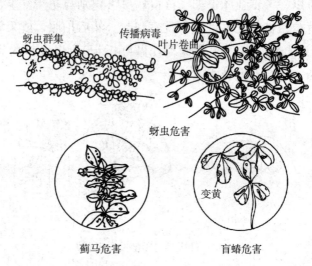

图 2-3 苜蓿田主要害虫危害

25. 苜蓿害虫造成的损失有多大？

随着人们对畜产品质量要求的不断提高，优良牧草的种植面积也不断扩大。而苜蓿则是主要的牧草之一，并且始终在农牧业生产中占据着重要地位。苜蓿害虫群集于苜蓿茎叶上取食，影响苜蓿生长发育。如蚜虫分泌的蜜露能导致多种霉菌的产生，影响苜蓿的光合作用，导致苜蓿产量减少、粗蛋白质含量降低、粗纤维含量增加、总糖含量下降、适口性和消化率降低。更为严重的是，苜蓿害虫能传播多种病毒病，造成更严重的经济损失。家畜取食含有大量的病原真菌和霉变成分的草料会出现体质下降，甚至出现不孕、不育、流产、中毒、死亡等状况。

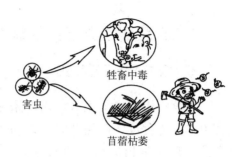

图 2-4　苜蓿田害虫造成的损失

26. 苜蓿害虫发生有什么规律?

害虫的发生和为害伴随植物整个生长过程。气象因子也能决定害虫的危害程度。例如，三叶草彩斑蚜在北方一年发生10~20代，以卵越冬。早春苜蓿生长缓慢，三叶草彩斑蚜数量极少。4月中旬随着气温升高，苜蓿生长加快，蚜虫种群数量随之迅速增加，并出现有翅蚜。4月底到5月初，有翅蚜在田间扩散，蚜虫数量猛增，危害加重。

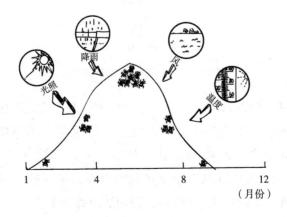

图 2-5　苜蓿田害虫发生规律

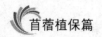

（二）苜蓿主要害虫的调查

27. 怎样调查苜蓿害虫?

当苜蓿田发生了虫害，需要采用正确的调查方法，掌握害虫的发生程度，以便及时采取防治措施。首先选择具有代表性的苜蓿种植区作为调查地点，每样区 10～15hm²。其次，确定调查时期，一般在苜蓿返青后至苜蓿最后一茬收获期间调查，如 5—7 月每隔 7d 调查 1 次，8—9 月每隔 10d 调查 1 次。

图 2-6　苜蓿田害虫调查时期

在进行虫害调查时，通常采用两种调查方法，即枝条拍打法和扫网法。枝条拍打法也称为随机五点取样法。具体操作方法为：在每个点随机选择若干枝条，将虫子拍落在 40cm× 60cm 白板上并统计虫口数量和枝条数量，用百枝条虫量表示虫口密度。单位：头/百枝条。扫网法也称为随机五点取样法，只是具体操作不同，即每个点扫网 20 复网，用每复网虫量表示虫口密度，单位：头/复网，扫网时应注意肩膀的摆动幅度不宜过大或过小，左右 180 度为一复网。

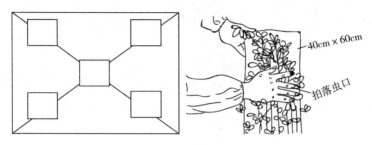

图 2-7　枝条拍打法

图 2-8　网扫法

（三）苜蓿虫害防治时期

28. 多久防治苜蓿虫害最好？

　　害虫防治时期的确定非常关键。在决定是否对害虫采取防治措施时，有一种针对害虫种群数量建立的标尺，叫做防治指标，也叫经济阈值，即害虫的一种种群密度。当害虫种群达到此密度时应该及时采取控制措施，以防止害虫种群密度增加达到经济损害水平，造成损失。

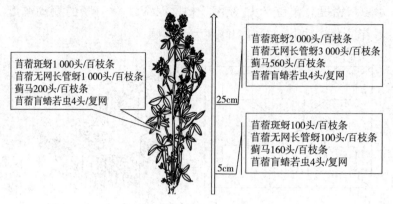

苜蓿斑蚜1 000头/百枝条
苜蓿无网长管蚜1 000头/百枝条
蓟马200头/百枝条
苜蓿盲蝽若虫4头/复网

苜蓿斑蚜2 000头/百枝条
苜蓿无网长管蚜3 000头/百枝条
蓟马560头/百枝条
苜蓿盲蝽若虫4头/复网

25cm

苜蓿斑蚜100头/百枝条
苜蓿无网长管蚜100头/百枝条
蓟马160头/百枝条
苜蓿盲蝽若虫4头/复网

5cm

图2-9 苜蓿虫害防治时期

（四）苜蓿虫害防治方法

29. 物理防治措施有哪些?

在对苜蓿田的害虫进行物理防治时，可利用害虫对光或颜色的趋性，选用灯光诱杀、黄板诱蚜、蓝板诱蓟马等方式进行诱杀。

灯光诱杀

黄板诱杀

图2-10 物理防治

另外，还可以利用诱集带对害虫进行诱杀。即在对苜蓿进行收割时，留下一部分不收割的地块作为诱集带，或者将抗虫品种作为种植田，感虫品种作为诱集田，将害虫聚集到诱集带

（田）后用药剂杀灭。

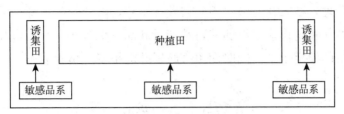

图 2-11 诱集带防治

30. 药剂防治方法有哪些?

针对害虫的不同发生程度，采用不同的防治模式。在害虫暴发时，选用"生物农药+化学农药"相结合的应急防治模式。在害虫中高密度时，选用生物防治措施，例如，利用微生物农药白僵菌、绿僵菌等，植物源农药藜芦碱可溶性液剂、印楝素乳油、苦参碱乳油等进行防治。生物防治措施的应用在保证饲草产量和产品质量安全的同时，还能有效保护天敌。

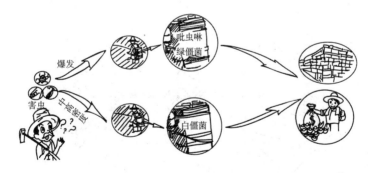

图 2-12 化学防治

31. 其他防治措施有哪些?

选用抗虫品种是最经济有效的措施。各地应根据本地自然

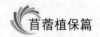

地理情况筛选适宜的品种进行推广种植。在种植过程中加强田间管理，秋末及时清除田间残茬和杂草，降低越冬虫源。采用多种作物轮作模式能够使苜蓿产量和品质保持在一个相对高产优质的稳定水平，同时使虫害减轻并能维持土壤肥力。

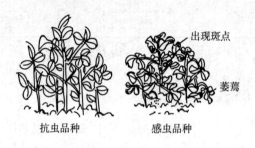

图 2-13　苜蓿品种选择

此外，苜蓿田中害虫的天敌种类和数量较多，例如蜘蛛、草蛉、瓢虫、寄生蜂等。在进行药剂防治时应尽可能选用对苜蓿害虫天敌有选择性、影响最小的药剂，以保护天敌免受杀伤。

图 2-14　天敌保护

三、苜蓿田杂草诊断与防治

（一）苜蓿田杂草发生的判断

32. 幼苗期苜蓿田被杂草侵害如何判断？

　　杂草对苜蓿危害的严重时期主要是在种植当年的幼苗期，这也是苜蓿种植过程中最为关键的杂草防除阶段。这个阶段的特点是在苜蓿 3～5 叶期，苜蓿田中的打碗花、灰藜、麦蒿、小蓟、萝藦等也处于幼苗期。此时受到降雨、灌溉、施肥等多种因素的影响，苜蓿田中的杂草侵占程度也会不同。

　　一般而言，当杂草盖度达到 30％时，则认为苜蓿田被杂草侵占了。尤其是在苜蓿种植当年最容易被杂草侵害，此时苜蓿田约 40％处于裸露地阶段，给大量的杂草种子提供了生存空间，加之苜蓿苗幼小且生长缓慢，而杂草在生长期与苜蓿形成了竞争关系，杂草在苜蓿苗没有长大时快速吸收水分和土壤中的营养元素等，形成较强的侵占之势，进而形成苗期杂草危害。比如一年生杂草播娘蒿（俗称麦蒿）在春季尤其是幼苗苜蓿田中表现出很强的侵占力，当麦蒿的盖度达到 30％时，就意味着苜蓿田被麦蒿杂草侵占了。这种情况下如果不加强管理，就会导致苜蓿田被麦蒿全部覆盖。而此时，苜蓿并没有死亡，而是被麦蒿严严实实地盖在了根部。因为这期间的苜蓿生长速度远远低于麦蒿，麦蒿作为早春杂草，在春季具有最佳的生长条件。这也正是种植苜蓿时尽量采用秋季播种而不是春季播种的主要原因。

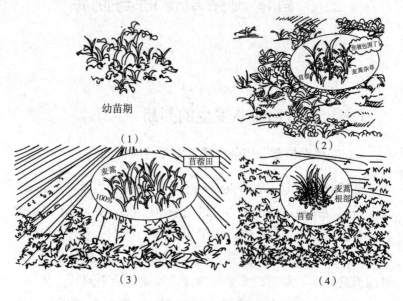

图 3-1　幼苗期苜蓿田杂草侵害判断

（1）苗期苜蓿田中的打碗花和灰藜等杂草；（2）被麦蒿侵占了 30％的幼苗期苜蓿田；（3）幼苗期的苜蓿田被麦蒿 100％覆盖；（4）幼苗期的苜蓿田被麦蒿 100％覆盖后扒开麦蒿见苜蓿

　　另一种情况，要依据对农田常见多年生恶性杂草发生特点的经验进行判断。比如打碗花［图 3-2（1）］，它可通过根部再生进行无性繁殖侵占苜蓿田。若防治不当会造成杂草丛生的情况。如在机械翻耕等作业的情况下，对该类杂草的根部看似起到了切断的作用，实际上是帮助其进行了切根繁殖，加速了打碗花对苜蓿田的侵占，其生长速度可以达到苜蓿的 10～20 倍，可以在 2～4 周内侵占整个苜蓿田［图 3-2（2）（3）（4）］。

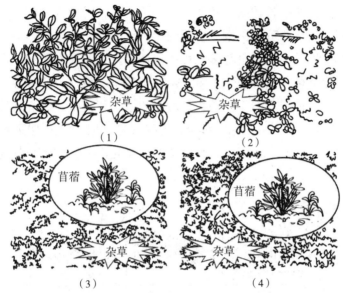

图 3-2 苜蓿田杂草侵害判断

（1）苗期苜蓿田的恶性杂草打碗花；（2）苗期苜蓿田恶性杂草打碗花侵占初期；（3）苗期苜蓿田恶性杂草打碗花侵占中期；（4）苗期苜蓿田恶性杂草打碗花侵占后期

33. 苜蓿田常见杂草类别有哪些?

在种植当年的苜蓿田内，蓼科、藜科、苋科、十字花科、锦葵科、菊科、草本科等杂草均能在苜蓿田生长。危害严重的杂草有：打碗花、播娘蒿、藜、反枝苋、马齿苋、荠菜、铁苋菜、苘麻、苣荬菜、葎草、芦苇、牛筋草、稗草、马唐、狗尾草、菟丝子等。

杂草主要是在苜蓿幼苗期发生危害，其次是在夏季刈割后。苜蓿与杂草一直处于相互竞争的关系，杂草常在苜蓿幼小时暴发严重，大多是一年生杂草，例如狗尾草、打碗花、播娘蒿、藜、反枝苋等。

苜蓿在生长的第二年夏季刈割后，苜蓿种植区多处于水热同期，杂草在苜蓿割倒后会很快生长，此时必须进行除草。中耕后如果垄沟内杂草较多，可直接使用除草剂灭除杂草。还有一部分杂草属于寄生性杂草，例如菟丝子、列当等。其种子混杂在苜蓿种子之中，在种植苜蓿时被带入苜蓿田，待苜蓿植株生长旺盛时，这类杂草会吸附并缠绕在苜蓿植株上，吸取苜蓿的营养而迅速生长繁殖，直到苜蓿枯黄死亡。目前防治菟丝子的方法只有人工拔除法。

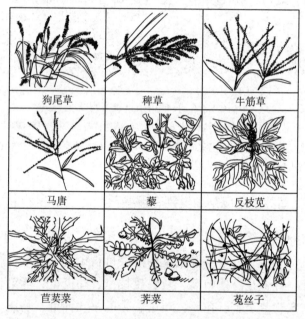

图 3-3　苜蓿田部分常见杂草

34. 苜蓿田杂草危害的特点有哪些?

　　苜蓿田杂草危害有以下特点：首先杂草危害时间长，从早春播种至秋季播种的苜蓿均会受到杂草的危害。其次不同杂草的发生规律不同，如秋季和早春出苗的杂草有播娘蒿、离子草、荠菜、泥胡菜等；晚春出苗的杂草有藜、苋、稗草、狗尾草等。然后在苜蓿出苗前期，多数杂草生长快、竞争能力强，苜蓿地易形成草荒。再者苜蓿田中杂草群落多样，发生密度高，水肥水力争夺强，影响田间通风透光和苜蓿生长空间，致使苜蓿的品质和产量下降，危害严重时影响苜蓿的建植甚至种植。有些杂草甚至还是病虫害的寄主，易引发苜蓿田的病虫危害。随着苜蓿种植面积的不断扩大，许多新开垦的荒地、盐碱地、丘陵地、黄泛区和河套地积存的杂草种子数量巨大，极易发生杂草危害。

35. 土壤及有机肥中的杂草种子如何传播？

土壤是杂草种子的储藏地，不同深度存有不同密度的杂草种子。它们埋在土壤中蓄势待发，随着翻耕、耙、耱等耕作的进行，种子不同程度地被带到地表层，恰好适合它们发芽、生长。另外，农家肥中也可能含有大量的杂草种子，在苜蓿田施用农机底肥时也会将杂草种子带入土壤。所以，在种植前最好采用物理或化学方法杀死土壤中杂草种子，或使用腐熟的无杂草种子的有机肥作为底肥。

36. 苜蓿田沟渠及边缘杂草和前茬作物种子如何传播？

在苜蓿田边缘及用于灌溉或者排水的沟渠生长多种大量的杂草。不同杂草的结实期不同，从春季到秋季都有杂草种子。杂草种子随着风力和灌溉传播到苜蓿田。这些杂草也是病菌和虫卵的栖息地。一些病虫害也可通过这些中间植株进行传播。所以，生产中要注意及时灭除周边沟渠或荒地中的杂草，而且务必要在杂草结籽之前除草。

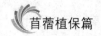
苜蓿前茬作物，尤其是容易落荚落穗的作物，在收获时种子难免掉在地里，这样第二年开春会大量生长该作物。当然也有用前茬作物控制杂草的案例。例如，用高丹草和谷子作为秋播免耕苜蓿的前茬作物，两种作物都很好地抑制了杂草并促进苜蓿的建植。

37. 造成杂草传播的其他途径有哪些？

在有灌溉条件的苜蓿种植区，尤其是利用河流灌溉地区，易发生杂草暴发的情况。例如，黄河流域的苜蓿种植区，由于水中带有大量的杂草种子，在浇水的同时，外地的杂草种子被带入苜蓿田，造成苜蓿田杂草暴发。这在苜蓿生产中很难避免。

杂草种子容易随着苜蓿种子的收获而混入其中。所以杂草的预防要从源头抓起，选用不携带杂草种子的纯苜蓿种子进行苜蓿田种植。

由病虫害及其他原因造成的苜蓿裸露地上的情况也易滋生杂草，肆虐生长危害，这也会严重影响苜蓿产量和品质。

（二）苜蓿草害的危害

38. 苜蓿杂草如何恶化田间小气候？

杂草与苜蓿竞争光、热、水、肥、空间等，会造成苜蓿植株低矮和营养不良（图3-4）。首先是杂草结实对种子的生产和后续的清选过程构成了很大威胁。有的杂草生长速度快，长势繁茂，有很强的覆盖与遮光作用，影响田间的通风透光，造成田间郁闭，使田间气温、地温、湿度等因子不利于苜蓿生长。其次是杂草根系发达，生物量庞大，妨碍苜蓿根系的生长发育，如影响苜蓿主根的下扎和侧根的伸展分布。

图 3-4　恶化苜蓿田间小气候

39. 苜蓿田杂草如何降低苜蓿产量和品质?

杂草一般具有发达的根系,吸水、吸肥能力强,与苜蓿争水争肥争日光,导致苜蓿减产、品质降低(图 3-5、图 3-6)。杂草会使苜蓿产量降低 10% 以上。在黄淮海地区,第四茬刈割时,杂草覆盖度达到 60% 时,会使苜蓿减产 50% 以上。北京市植保站车晋滇 1999 年 7 月至 2000 年 6 月对苜蓿主要种植区内的杂草进行调查研究显示,造成严重危害超过 30% 的有反枝苋、藜、稗草、马唐、牛筋草、铁苋菜、狗尾草等,

图 3-5　杂草与苜蓿
　　　　竞争资源

图 3-6　禾本科杂草肆虐,
　　　　造成苜蓿减产

分别为 67.5%、52.5%、45.0%、45.0%、37.5%、30.0%、30.0%；造成一般危害超过 30% 的有反枝苋、马唐等，分别为 45.0% 和 37.5%。

40. 苜蓿田杂草如何加重病虫害的传播?

杂草还可以充当多种病虫害的越冬场所和中间寄主，促进了病虫害的繁殖和传播。例如，藜是桃蚜的中间寄主和媒介，马唐等杂草为温室白粉虱的中间寄主，荠菜为霜霉病的中间寄主，稗草是叶蝉、飞虱的寄主；苣荬菜、旋花、苍耳等是红蜘蛛的寄主。对寄主造成威胁的杂草可能是某些牧草的寄生植物，如菟丝子可寄生在苜蓿上，难以根除。

图 3-7 杂草加重苜蓿病虫害的发生

41. 苜蓿田杂草对人畜有什么影响?

某些杂草可对畜禽生产造成很大伤害，尤其是对在外放牧的畜禽。很多杂草中含有可使人畜中毒的物质，如致癌物质硝酸盐、亚硝酸盐；引起动物肝脏损伤的吡咯烷类生物碱等，如天芥菜属、猪屎豆属杂草。重者可使人畜中毒，轻者降低畜产品质量，甚至使畜产品含毒性，再者会降低其营养物质含量。

如冬春季节动物刨根啃食小萱草后中毒，有瞳孔散大、全身瘫痪、膀胱麻痹、尿液潴留和双目失明等临床特征；家畜采食醉马草后可发生中毒，其中以羊马中毒较多；早春放牧时，牛、羊啃食毒芹根、茎后中毒，有时也可发生于放牧的猪和马；另外，杂草的严重蔓延会造成农用机械的损坏，干扰牧草的收割或造成收割困难。

（三）苜蓿田杂草的防治

42. 杂草防治的技术手段有什么？

杂草的防治历来是农业生产上的备受重视的环节。杂草的防除技术手段主要有 5 种，即杂草预防措施、农业和人工防除、化学防治、生物防治、杂草综合治理。一直以来，化学防治作为一种简单有效的除草措施而成为农业生产上控制杂草的首选措施，但是随着国家生态文明战略的有序推进以及人们环保意识的提高，以生态防控为主的杂草综合治理措施将会成为主导方向。

43. 苜蓿田杂草如何调查？

尽量不要在雨后调研，以免泥泞而影响调研结果的准确性和影响苜蓿田的平整度。准备样方框（1m×1m）、盖度测量板、直尺、卷尺、照相机、铅笔、记录本、文件袋和杂草识别软件等调查用具。

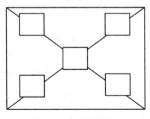

图 3-8 五点取样法

调查方法主要采用样方法，包括五点采样调查方法和等距

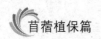
样方调查法。五点采样调查法，它是在一块苜蓿田中按梅花形取 5 个样方，每个样方的长和宽要求一致。这种方法适用于调查植物个体分布比较均匀的情况。

等距样方调查法，是先将苜蓿地分成若干相等大小的地块，然后按这一相等的距离或间隔抽取样方。这种方法适用于地块规整的苜蓿田。例如，长条形的地块总长为 100m，如果要等距抽取 10 个样方，则抽样的比率为 1/10，抽样距离为 10m。然后可再按需要在每 10m 的前 1m 内进行取样，且取样的样方大小要一致。

图 3-9　等距取样法

两种样方法具体操作步骤如下：首先确定调查对象，其次忽略种群不均匀的地块，选择一个具有良好代表性的种群分布较均匀的地块，调查其中的杂草种类、密度、高度、盖度和多度，之后取各样方平均数。在利用这两种方法调查杂草的计数过程中，均遵循计上不计下，计左不计右的原则。

44. 苜蓿田杂草的物理防除方法有哪些?

物理除草是指用物理性措施或物理性作用力，进行杂草防除的方法。该种方法主要包括人工除草、轮作和深翻耕、机械除草、薄膜覆盖防草生长四种方法。该法可根据杂草发生情况、苜蓿生长情况、气候、土壤和人类生产、经济活动特点等条件，运用机械、人力、电力等手段，因地制宜地适时防治杂草，从而减少杂草发生对苜蓿生产造成的影响。物理性防除不仅对苜蓿生长的环境安全，而且还有松土、保墒、培土、追肥等作用。

45. 什么是人工除草、轮作和深翻耕?

人工除草是一种最原始、最简便的除草方法。人们为了提高劳动生产效率，不断地探寻着各种工具用于除草。犁和耙的耕作方式，不仅能迅速地切断或拉断杂草，包括正在萌发的杂草种子和已出土的杂草幼苗，破坏杂草的地下块根、块茎或根状茎，而且能将杂草植株、残体或地表种子深埋于地下，达到防治杂草、减少苜蓿杂草对农业生产的干扰和影响的目的。小面积的苜蓿田或者一些难以采用其他方法清除的杂草，如菟丝子多采用人工拔除法彻底去除。

图 3-10　苜蓿田人工除草

持续的苜蓿单一种植不可避免地会导致杂草的发生。行之有效的控制杂草的栽培技术是轮作，即在同一田块上有顺序地在季节间和年度间轮换种植不同作物或采用复种组合的种植方式。轮作换茬可以有效控制苜蓿田常见杂草的发生，改变杂草生长习惯。另外，深翻耕也是常用的防治杂草方法，播种前耙地也是一种安全简便的控制杂草方法，且对环境没有危害。

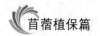

图 3-11　深翻整地减少苜蓿田表层土壤的杂草种子

46. 什么是机械除草?

　　机械除草是在作物生长的适宜阶段，根据杂草发生和危害的情况，运用机械驱动的除草机械进行除草的方法（图 3-12）。除草机械包括直接用于治理杂草的中耕除草机和除草施药机。机械除草除了进行常规的中耕除草外，还可进行深耕灭草、

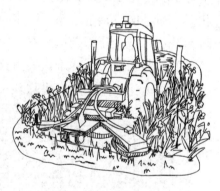

图 3-12　机械除草

出苗后耕草、苗间除草、行间中耕除草等，这主要是农机和农艺紧密结合的配套除草措施。但是，由于有的机械除草的机器轮子笨重，易碾压土地，造成土壤板结，影响苜蓿作物根系的生长发育。加之对苜蓿种植和行距规格及操作驾驶技术要求较严，株间杂草难以防除，因而机械除草多用于大型农场或粗犷生产的大面积苜蓿种植区。

47. 什么是薄膜覆盖防草?

　　地膜覆盖具有保湿、增温的特点，能抑制部分杂草的生长

发育［图3-13的（1）］。同时，通过覆膜技术可以改变苜蓿生长的外部小环境，改善土壤水分和温度等生态条件，提高水分利用效率，增加土壤温度，促进苜蓿的生长发育。生产上采用有色薄膜覆盖，不仅能有效抑制刚出土的杂草幼苗生长，而且还能通过有色膜的遮光极大地削弱杂草的光合作用。在薄膜覆盖条件下，高温、高湿，杂草又是弱苗，能有效地抑制或杀灭杂草。笔者研究发现，采用地膜进行膜侧种植，可以有效降低苜蓿田的杂草危害［图3-13的（2）］。

（1）　　　　　　　　　　　　　（2）

图3-13　薄膜覆盖抑草
（1）薄膜覆盖抑制杂草生长　（2）膜侧种植防杂草

48. 苜蓿田杂草的化学防除方法有哪些?

化学防除作为一种简单有效的苜蓿田除草措施，是农业生产上控制杂草的首选。化学除草，是利用化学除草剂代替人力或机械消灭杂草的技术。已报道的具有较好防效的除草剂至少有20大类100多种，主要包括苯氧羧酸类、苯甲酸类、酚类、苯醚类、联吡啶类、氨基甲酸类、硫代氨基甲酸类、酰胺类等。这些除草剂可以分为土壤处理除草剂和茎叶处理除草剂，化学防除方法也就相应地有了土壤处理法和茎叶处理法。

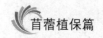

49. 什么是土壤处理法?

土壤处理法是指在苜蓿未播种或出苗前将除草剂应用到苜蓿田土壤表层,将处在萌发状态的杂草予以有效控制或消灭。该法包括播种前土壤处理和播后苗前土壤处理两种方式。

土壤处理除草剂是将除草剂喷洒到土壤中并与之混合,形成药层杀死未出土的杂草。用于苜蓿地的土壤处理除草剂主要有氟乐灵、地乐胺、灭草猛、敌草隆、菌达灭、乙草胺等。播种前的土壤处理可选用 48% 氟乐灵($130\sim150\text{mL}/667\text{m}^2$)进行地表喷雾,混土处理。播后苗前土壤处理可选用异丙甲草胺($90\sim100\text{mL}/667\text{m}^2$)、甲草胺、乙草胺、地乐胺等进行地表喷雾,混土处理。

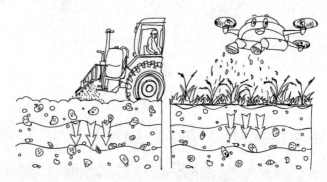

图 3-14 播种前和播种后土壤处理

50. 什么是茎叶处理法?

茎叶处理法就是将除草剂直接喷洒在杂草茎叶上,抑制杂草光合作用并将其杀死。运用该方法进行杂草防治时需要考虑喷药时期、喷液量与药量、除草剂的种类等。用于苜蓿地茎叶处理的除草剂有苯达松、精禾草克、稳杀得、高特克悬浮剂、克阔乐乳油、威霸水乳剂、闲锄乳油、高效盖草能乳油、精稳杀得乳油等。可以选用以下药剂（以下用药量均为每亩用药量）：48％地乐胺：用量为 150～300mL，出苗前施药；10.8％高效盖草能：一年生杂草需 25～35mL（g），多年生杂草需40～60mL（g），禾本科杂草 3～5 叶期使用；5％精禾草克：一年生杂草需 50～67mL（g），多年生禾本科杂草需100～133mL（g），禾本科杂草 3～5 叶期使用；15％精稳杀得：一年生杂草需 50～67mL（g），多年生禾本科杂草需 100～133mL（g），禾本科杂草 3～5 叶期使用；12.5％拿捕净：主要防治多年生杂草，需200～333mL（g），禾本科杂草 3～5 叶期使用；12％收乐通：一年生杂草需 30～40mL（g），多年生禾本科杂草需 67～80mL（g），禾本科杂草 3～5 叶期使用；6.9％威霸：主要用于防治一年生杂草，50～70mL（g），禾本科杂草 3～5 叶期使用；70％赛克：40～67mL（g），在杂草株高 5cm 之前或豆科牧草休眠期使用；5％普施特：120～133mL（g），豆科牧草出苗后或杂草 2～5 叶期使用。

图 3-15　播种后茎叶处理法

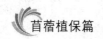

51. 苜蓿田如何利用生物防治杂草?

所谓杂草的生物防治,是指对农业生态系统中的生物,诸如动植物、病原微生物以及昆虫等加以利用,通过相生相克关系对杂草进行有效控制管理。杂草生物防治可以在最大程度上降低杂草的危害程度和对环境的破坏。

当前采取的生物防治杂草方法大致分为以菌(虫)治草、依靠植物抑制杂草、利用草食动物防治杂草等。针对苜蓿田杂草进行生物防治的研究,国内虽然起步相对较晚,但也可借鉴其他作物种植地杂草的防治方法来寻求既具经济性又兼长效性的对策来防治一些恶性杂草,因而生物防治苜蓿田杂草的发展前景十分广阔。

图 3-16 生物防治技术

52. 苜蓿田如何综合防治杂草?

杂草的暴发是由多种因素集中在一起引起的,所以在杂草防治时，最好也从综合方面考虑，以达到最佳防治效果。杂草的防除方法很多，均可收到一定的效果，但每种方法都有其局限性。因此，对杂草危害的控制，应充分发挥各种除草方法互补与协调的作用，建立适于生产实践的综合防治体系，达到高效而稳定的防除效果。

杂草的综合防治理念是从生态学角度考虑。它强调以杂草种群及作物种群为中心的复杂的生态系统，在全面、充分认识环境与生物因子间相互作用的基础上，运用物理、化学、生物、生态学手段和方法，因地制宜、有机组合、尽可能地排除杂草对苜蓿的干扰，维持其产量的综合体系。该体系允许杂草在一定的密度和生物量之下生长，而非"除草务尽"。杂草防治研究的最佳途径是通过集成各单项杂草防治措施而进行杂草综合防治，从而达到苜蓿田地杂草的可持续综合防控效果。在化学农药除草所带来的负面效应日益加剧的今天，这一观点已被大多数人所接受，成为苜蓿地杂草防除研究的最新目标。

附　　录

附表 1　苜蓿蚜虫防治指标

株高	苜蓿斑蚜		苜蓿无网长管蚜		豌豆无网长管蚜		苜蓿蚜	
	1复网	枝条(个)	1复网	枝条(个)	1复网	枝条(个)	1复网	枝条(个)
<5cm	—	1	—	1	—	5	—	5
5～25cm	100	10	100	10	300	40	300	40
>25cm	200	30	200	30	400	75	400	75

附表 2　苜蓿蓟马防治指标

株高	防治指标
<5cm	100头/每枝条
5～25cm	200头/每枝条
>25cm	560头/每枝条

附表 3　其他苜蓿虫害防治指标

苜蓿害虫	防治指标
盲蝽类	4头/每复网
草地螟	低龄幼虫7～10头/每百枝条
苜蓿夜蛾	低龄幼虫3～5头/每百枝条或15头/每复网
苜蓿叶象甲	低龄幼虫20头/每复网或1头/每枝条
芫菁类	1头/m²

附表 4　苜蓿田常见杂草

杂草学名	俗名
狗尾草	绿狗尾草、狗尾巴草、谷莠子、毛莠莠
稗草	稗、稗子
牛筋草	蟋蟀草
马唐	须草、抓地草
藜	灰菜、白菜、落藜
播娘蒿	大蒜芥、米米蒿、麦蒿
反枝苋	西风谷、野苋菜、红枝苋、苋菜
打碗花	小旋花、喇叭花
葎草	拉拉秧、拉拉藤
菟丝子	大豆菟丝子、无根草、金丝藤、无娘藤
苣荬菜	荬菜、野苦菜、野苦荬、苦葛麻、苦荬菜、曲麻菜

敖礼林，何小龙 . 2005. 苜蓿蚜虫的无公害防治技术［J］. 草业科学
　（10）：40.

白儒，侯天爵，周淑清，等 . 1995 苜蓿锈病综合防治效果好［J］.
　草业与畜牧（4）：32 - 34.

蔡鹏元，赵桂琴，柴继宽，等 . 2017. 河西地区紫花苜蓿田间杂草的
　调查［J］. 甘肃农业大学学报，52（2）：78 - 85，91.

蔡鹏元 . 2016. 不同除草剂对苜蓿田杂草的防效及苜蓿苗期安全性和
　生理指标的影响［D］. 兰州：甘肃农业大学 .

车晋滇 . 2000. 北京市紫花苜蓿田杂草种类及其危害调查［J］. 植保
　技术与推广（5）：23 - 24.

陈合明，杨彬，万宏 . 1989. 苜蓿上三叶草彩斑蚜的初步研究［J］.
　植物保护（5）：22 - 23.

陈小芳 . 2018. 黄河三角洲地区苜蓿高效栽培技术研究［J］. 农业科
　技通讯（5）：262 - 265.

褚静芬，韩润英，斯日古楞 . 2018. 通辽地区人工紫花苜蓿杂草防治
　［J］. 中国畜禽种业，14（5）：13.

杜芹 . 2015. 河北康保县苜蓿害虫及其天敌的研究［D］. 武汉：华中
　农业大学 .

范昆，王开运，柳宏方，等 . 2004. 防治苜蓿立枯病有效药剂的筛选
　及药效评价［J］. 中国草地（2）：40 - 44.

方中达 . 1998. 植病研究方法［M］. 3 版 . 北京：中国农业出版社 .

冯会文 . 2004. 甘肃中部蓟马区系研究［D］. 兰州：甘肃农业大学 .

古丽先木・依达依.2014. 苜蓿病虫害防治策略［J］. 新疆畜牧业
（4）：60－60.

郭德金，刘丽华.2006. 氟乐灵播前土壤处理对紫花苜蓿发芽出苗的
影响与杂草防治效果的研究［J］. 种子（4）：79－80，92.

郭艳艳.2012. 不同前茬作物下苜蓿草地杂草特征及防控研究［D］.
呼和浩特：内蒙古农业大学.

韩运发，徐祖荫.1982. 中国农作物蓟马［M］. 北京：农业出版社.

韩运发.1997. 中国经济昆虫志：第五十五册. 缨翅目［M］. 北京：
科学教育出版社.

河北省草业创新团队有害生物综合防控与质量安全岗沧州综合试验
站.2018. 草业产业创新团队定点监测调查苜蓿病虫害发生情况
［N］. 河北农民报，07－12（A06）.

黄春艳，陈铁保，王金信，等.2003. 大豆田、花生田、苜蓿田杂草
化学防除［M］. 北京：化学工业出版社.

贾淑英，智晓青.1999. 苜蓿盲蝽的发生危害与防治［J］. 北方农业
学报（2）.

李鸿坤，闻铁，赵蕊，等.2019. 我国苜蓿病虫害发生情况及防治对
策［J］. 天津农林科（1）：43－46.

李瑞华.2015. 苜蓿蓟马的种群动态调查及药剂防治试验研究［J］.
现代农业科技（23）：124－125.

李彦忠，南志标.2015. 牧草病害诊断调查与损失评定方法［M］.
南京：江苏凤凰科学技术出版社.

李彦忠，俞斌华，徐林波.2016. 紫花苜蓿病害图谱［M］. 北京：
中国农业科学技术出版社.

李彦忠.2015. 中国农作物病虫害［M］. 3版. 北京：中国农业出版社.

李长安，曹天文，王瑞.2007. 山西省的网蝽、盲蝽、长蝽和缘蝽
（半翅目）［J］. 山西农业科学，35（8）：29－32

栗梅芳.2004. 苜蓿田杂草防治技术研究［A］. 中国植物保护学会杂

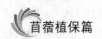

草学分会.第七届全国杂草科学会议论文集杂草科学与环境及粮食安全——中国化学除草 50 年回顾与展望 [C]. 中国植物保护学会杂草学分会：中国植物保护学会杂草学分会：3.

林建海，王硕，路文杰，等.2013. 紫花苜蓿田间杂草危害评价 [J]. 草业科学，30（9）：1412 - 1419.

林美荫，刘贵峰，石凯，等.2018. 呼伦贝尔市农田盲蝽害虫种类与发生规律初步研究 [J]. 乡村科技（4）：83 - 85

刘爱萍，黄海广，徐林波，等.2012. 茶足柄瘤蚜茧蜂对苜蓿蚜的寄生功能反应 [J]. 环境昆虫学报，34（1）：69 - 74.

刘金平，张新全，刘瑾，等.2005. 苜蓿产业化生产中蚜虫危害及防治方法研究 [J]. 草学，（10）：74 - 77.

刘丽华，郭德金.2005. 氟乐灵与地乐胺对紫花苜蓿杂草防治效果的研究 [J]. 辽东学院学报（4）：5 - 8.

刘萍.2002. 苜蓿种子田杂草发生特点与防除方法的研究 [D]. 乌鲁木齐：新疆农业大学.

刘若.1998. 草原保护学 [M]. 3 版. 北京：中国农业出版社.

刘晓舟，赵成德，茚璐，等.2005.5%苜蓿净防除苜蓿田杂草药效试验 [J]. 辽宁农业科学（5）：52 - 53.

刘长仲.2015. 草地保护学 [M]. 2 版. 北京：中国农业大学出版社.

卢凯丽.2012. 苜蓿主要病虫害的识别与防治 [J]. 中国农业信息（14）：17 - 18.

卢亚菲，张祥，王广，等.2019. 紫外辐射对三叶草彩斑蚜 3 种保护酶活性的影响 [J]. 草业科学，36（5）：1428 - 1434.

陆宴辉，曾娟，姜玉英，等.2014. 盲蝽类害虫种群密度与危害的调查方法 [J]. 应用昆虫学报，51（3）：848 - 852.

雒富春，袁庆华，王瑜.2016. 不同杀菌剂及复配对苜蓿锈病的防治研究 [J]. 草地学报，24（1）：165 - 170.

南志标，李春杰.1994. 中国牧草真菌病害名录 [J]. 草业科学，11

（S）：3-30.

南志标，李琪，刘照辉 .1991. 田间条件下苜蓿种质抗锈性评价
[J]. 草业科学（2）：19-22.

南志标 .1985. 锈病对紫花苜蓿营养成分的影响 [J]. 草业科学
（3）：33-36.

南志标 .2001. 我国的苜蓿病害及其综合防治体系 [C]. 中国苜蓿发
展大会 .

齐凤林，姚凤军，周桂兰，等 .2005. 紫花苜蓿田间杂草防治技术试
验报告 [J]. 现代畜牧兽医（1）：19-20.

孙福来，李金芝，田方文，等 .2005. 紫花苜蓿田杂草种类调查与防
治 [J]. 中国草地（3）：80-81.

孙洪仁，马令法，何淑玲，等 .2008. 灌溉量对紫花苜蓿水分利用效
率和耗水系数的影响 [J]. 草地学，（6）：636-639，645.

谭瑶，刘嘉鑫，付丽媛，等 .2016. 紫花苜蓿田杂草种类及危害调查
[J]. 内蒙古农业大学学报（自然科学版），37（6）：59-64.

谭瑶，王春媛，孟超，等 .2015. 内蒙古地区紫花苜蓿半翅目昆虫群
落结构与多样性 [J]. 内蒙古农业大学学报（自然科学版），36
（5）：24-28.

王海诺，龚成慧 .2019. 异色瓢虫对苜蓿蚜虫的防控 [J]. 农业技术
与装备（7）：1-2.

王平波 .2002. 苜蓿夜蛾的发生与防治 [J]. 现代农业科技（8）：
23-23.

王正伟 .2012. 紫花苜蓿种子田除草、施肥等田间管理试验研究
[D]. 杨凌：西北农林科技大学 .

先米西努尔·肉孜 .2016. 苜蓿种子带菌检测及不同品种对霜霉病、
锈病田间抗性比较 [D]. 乌鲁木齐：新疆农业大学。

薛福祥 .2009. 草地保护学 [M]. 第三分册 . 牧草病理学 . 北京：中
国农业出版社 .

杨彩霞，高立原，张蓉，等.2005.宁夏苜蓿蚜虫的发生和综合防治 [J]. 宁夏农林科技 (2)：4-6.

杨雨翠，倪英，赵金霞，等.2012.宁夏石嘴山市苜蓿蚜虫发生规律 及防治对 [J]. 吉林农业 (8)：72.

杨曌，李红，黄新育，等.2014.黑龙江地区苜蓿田杂草综合防治技 术 [J]. 黑龙江畜牧兽医 (7)：96-99.

张奔，周敏强，王娟，等.2016.我国苜蓿害虫种类及研究现状 [J]. 草业科学，33 (4)：785-812.

张广学.1999.西北农林蚜虫志 [M]. 北京：中国环境科学出版社.

张洁，李智燕，张丽娟.2015.温度对牛角花齿蓟马在不同苜蓿品种 上取食的影响 [J]. 甘肃畜牧兽医，45 (12)：42-44.

张丽，潘龙其，袁庆华，等.2015.不同杀菌剂对苜蓿茎点霉叶斑病 的防效 [J]. 中国草地学报，37 (5)：62-68.

张萍.2010.不同药剂对苜蓿田杂草防治效果的调查研究 [J]. 现代 农村科技 (7)：42-43.

张蓉，先晨钟，杨芳，等.2005.草地螟和黄草地螟危害苜蓿产量损 失及防治指标的研究 [J]. 草业学报，14 (2)：121-123.

张卫军，张富川.1994.苜蓿常见病虫害的防治措施 [J]. 草业与畜 牧，(1)：59-62.

张文忠，闻秀清，赵秀珍.2003.苜蓿盲蝽的生活习性及防治 [J]. 内蒙古农业科技 (S2)：82.

张学洲，兰吉勇，张荟荟，等.2016.3种土壤封闭除草剂对新建植 苜蓿草地杂草防除效果分析 [J]. 草食家畜 (2)：48-53.

张玉玉，田净净，刘志英，等.2013.青岛苜蓿田杂草种类调查研究 [J]. 山东农业科学，45 (7)：102-105.

张泽华，李彦忠，涂雄兵，等.2018.苜蓿病虫害识别与防治 [M]. 北京：中国农业技术出版社.

张泽华.2015.苜蓿虫害及天敌鉴定图册 [M]. 北京：中国农业技

参考文献

术出版社.

赵莉，王林波，范菊兰.2004.新疆苜蓿蚜虫的种类、分布及识别 [J].新疆农业科学科学，41（4）：216‐218.

赵海明，游永亮，李源，等.2019.植物源农药对苜蓿蚜虫与蓟马的 防治效果 [J].草学，（2）：29‐35.

郑建武.2009.中国蓟马族的分类研究（缨翅目：蓟马科） [D].杨 凌：西北农林科技大学.

朱猛蒙，胡荣梅，张蓉，等.2016.豌豆无网长管蚜和牛角花翅蓟马 生物学特性初步研究 [J].宁夏农林科技，57（1）：29‐31.

图书在版编目（CIP）数据

苜蓿燕麦科普系列丛书．苜蓿植保篇／贠旭江总主编；全国畜牧总站编 . —北京：中国农业出版社，2020.12

ISBN 978-7-109-27469-3

Ⅰ.①苜… Ⅱ.①贠… ②全… Ⅲ.①紫花苜蓿—病虫害防治 Ⅳ.①S541②S435.5

中国版本图书馆 CIP 数据核字（2020）第 195764 号

中国农业出版社出版

地址：北京市朝阳区麦子店街 18 号楼
邮编：100125
责任编辑：赵　刚
版式设计：王　晨　　责任校对：沙凯霖
印刷：中农印务有限公司
版次：2020 年 12 月第 1 版
印次：2020 年 12 月北京第 1 次印刷
发行：新华书店北京发行所
开本：880mm×1230mm　1/32
印张：2
字数：50 千字
定价：25.00 元

版权所有·侵权必究

凡购买本社图书，如有印装质量问题，我社负责调换。

服务电话：010－59195115　010－59194918